Bibliografische Information der Deutschen Nationalbibliothek:

Die Deutsche Bibliothek verzeichnet diese Publikation in der Deutschen National-
bibliografie; detaillierte bibliografische Daten sind im Internet über http://dnb.d-
nb.de/ abrufbar.

Impressum:

Copyright © 2012 GRIN Verlag, Open Publishing GmbH
Druck und Bindung: Books on Demand GmbH, Norderstedt Germany
ISBN: 9783656984535

Dieses Buch bei GRIN:

http://www.grin.com/de/e-book/270144/der-igel-im-biologieunterricht-einer-6-
klasse-hospitation-und-angeleiteter

Alexa Hof

Der Igel im Biologieunterricht einer 6. Klasse. Hospitation und angeleiteter Unterricht

GRIN Verlag

Ruhr Universität Bochum
Fakultät für Biologie und Biotechnologie
AG Verhaltensbiologie und Didaktik der Biologie
„Einführung in die Didaktik der Biologie"

SS 2011-   Kernpraktikum Biologie

Hospitation und angeleiteter Unterricht

am Gymnasium X in Y

Praktikumszeitraum: 12.09.2011 bis zum 07.10.2011

-abgegeben von Alexa Hof -

INHALTSVERZEICHNIS

1. Erwartungen an das Praktikum

Im Rahmen des Seminars „Einführung in die Didaktik der Biologie" werde ich am Gymnasium X in Y zwischen dem 12.09.2011 und dem 07.10.2011 ein vierwöchiges Kernpraktikum für das Unterrichtsfach Biologie abgelegen. Meine Erwartungen an dieses Praktikum beziehen sich vor allem auf die Erfahrung des realen Berufsalltages einer (Biologie-) Lehrerin. Hierbei genauer auf den Umgang mit Schülerinnen und Schülern (im Folgenden abgekürzt mit SuS), die Vorbereitung des Unterrichts und der Umgang mit vorhandenem Material, z.B. bei Versuchen, mit Präparaten oder ähnlichem. Auch das Zeitmanagement einer Lehrerin möchte ich erleben bzw. Einblicke gewinnen. Darüber hinaus erhoffe ich mir tiefergehende Informationen zur Lehrerausbildung von den anwesenden Referendaren und konstruktives Feedback zu den von mir gehaltenen Stunden von den in den von mir gehaltenen Stunden anwesenden Lehrern.

2. Bedingungsanalyse

2.1 Schulsituation

Das Gymnasium ist eine offene Ganztagsschule, an der der Unterricht bis in den späten Nachmittag gehalten wird. Allerdings ist dieser Nachmittagsunterricht, die letzte Stunde endet um 18:45, der Oberstufe vorbehalten. Die SuS der Sekundarstufe eins haben aber die Möglichkeit, in der Schule zu Mittag zu essen und an einer organisierten Hausaufgabenbetreuung teilzunehmen.

Die Fachräume der Biologie sind angemessen ausgestattet, sodass Medieneinsatz kein Problem darstellt und auch Materialen, wie unterschiedlichste Modelle und Präparate, stehen in der Sammlung zur Nutzung bereit. Es sind Beamer, Diaprojektoren, Fernsehgeräte und Mikroskope vorhanden, sowie diverse weitere Labormaterialien. Als Fachräume selbst stehen zwei Räume zur Verfügung – zum einen mit Labortischen und zum anderen als kleiner Hörsaal. Die Lage des Gymnasium zentral in der Stadt und zeitgleich direkt an einem Kanal erlaubt es den Lehrern, Unterricht außerhalb des Schulgebäudes zu halten. Zum Beispiel habe ich eine Klasse besucht, die mehrere Schulstunden am Kanal und einer Hecke am Kanal untersuchte, wie sich Mikro-, Meso- und Macroökosysteme unterscheiden.

---

[1] Vrgl. http://www.[Webseite der Schule].de/unsere-schule/geschichte-der-schule

2.2 Relevante Lernbedingungen

Die Klasse 5c des Gymnasium X besteht aus 25 SuS, wobei ein Verhältnis von 21 Schülerinnen zu 4 Schülern vorliegt. Im Übrigen ist dieses Geschlechterverhältnis bis ca. zur 8. Klassenstufe zu beobachten. Danach gleicht es sich wieder aus.

Da die SuS erst seit einigen Wochen an der weiterführenden Schule sind, sind sie noch hoch motiviert, zeigen aber auch noch teils das eher ungestüme Verhalten von Grundschülern. So rufen sie öfter ihre Antworten in die Klasse oder stehen im Unterricht einfach auf, um z.B. Müll zu entfernen. Relevante Lernbedingung darüber hinaus wäre noch, dass dies der erste Biologieunterricht ist, den die SuS erleben, denn an Grundschulen wird Biologie als eigenständiges Fach nicht, wohl aber ansatzweise im Sachkundeunterricht unterrichtet.

2.3 Vergleich mit einer anderen Klasse

Im Vergleich mit einer anderen 5. Klasse, die auch bei einer andren Lehrerin Biologieunterricht haben, zeigen sich bei der 5c einige Unterschiede. Zunächst werde ich verwendete Materialen und Medien betrachtet und im Anschluss das Lehrerverhalten.

Zunächst ist auffällig, dass in der 5c das Lehrbuch (Natura 1) nur selten verwendet wird. Am häufigsten wird als Medium die Tafel genutzt und als Kommunikationsform das Unterrichtsgespräch, vereinzelt auch Gruppenarbeit. In 5b hingegen ist, zu einen auch durch ein schnelleres Durchschreiten der Themen, Gruppenarbeit häufiger zu finden und als Methode darüber hinaus das Stationen - Lernen. Auch wird hier das Buch öfter und intensiver genutzt, sowie auch die Reihenfolge der Themen beachtet wird. In der 5c hingegen wurde die thematische Reihenfolge weniger beachtet, was aber auch daran lag, dass ich mit meinen Stundenthemen eingeschoben wurde, sodass der Fortgang in den Themen etwas verzögert wurde. Dennoch lässt sich sagen, dass sie der Lehrer der 5c mehr Zeit für die einzelnen Themen lässt und diese genau mit den SuS durch spricht. In der 5b arbeiten die SuS oft selbstständig, daher ist das Tempo gesteigert. Die Lehrerin unterstützt auf Nachfrage und gibt genaue Instruktionen am Anfang jeder Stunde oder nach Beendigung des ersten Auftrags.

Zu Medien ist zu sagen, dass in der5b häufiger Präparate verwendet wurden, was aber definitiv am Thema lag. Dort war aktuell das Thema „Haustiere: Der Hund", wo es sich natürlich anbot, z.B. ein Hundegebiss zu zeigen.

3. Thematischer Zusammenhang

3.1 Curriculare Einbindung des Unterrichtsthemas

Das Thema „Der Igel" lässt sich im Kernlehrplan unter der Überschrift ‚Vielfalt der Lebewesen' und ‚Angepasstheit von Pflanzen und Tieren an die Jahreszeiten' einordnen. Weitergehend entspricht die Auseinandersetzung mit dem Organismus „Igel" den Anforderungen formuliert im Kernlehrplan, explizit in den Anforderungen am Ende der Jahrgangsstufe 6 in den konzeptbezogenen Kompetenzen zum Basiskonzept ‚Struktur und Funktion'. Wortwörtlich heißt es dort: „SuS stellen einzelne Tier- und Pflanzenarten und deren Angepasstheit an den Lebensraum und seine jahreszeitlichen Veränderungen dar."[2] Ebenfalls passt das Thema auch zu den konzeptbezogenen Kompetenzen im Basiskonzept Entwicklung: „SuS beschreiben exemplarisch Organismen im Wechsel der Jahreszeiten und erklären die Angepasstheit (z. B. Überwinterung unter dem Aspekt der Entwicklung)."[3]

Im benutzten Lehrbuch selbst, Natura 1 (weitere Angaben in der literaturliste), ist das behandelte Thema ebenfalls den Basiskonzepten „Entwicklung" unter dem Stichwort „Jahresrhythmik" und „System und Funktion" unter den Stichworten „Stoffwechsel und Energiegewinnung" sowie „Steuerung und Regelung – die Körpertemperatur des Igels" eingeordnet.

3.2 Darstellung der Unterrichtsreihe

Kennzeichen des Lebendigen →	Der Igel → als Wildtier; der Winterschlaf	Haustiere →
Der Hund →	Die Katze →	Steckbriefe: Nutztiere

4. Lernziele (Fach-, Methoden- und Sozialkompetenz)

Als grobes Lernziel für beide Stunden sollen die SuS nach den Unterrichtsstunden grundlegende Informationen zum Verhalten, Aussehen, der Gefährdung und der Nahrung des Igels haben, sowie genauer auf den Winterschlaf und die Veränderungen im Igel eingehen können.

Die SuS sollen nach der Unterrichtsstunde als formales Lernziel die 5-Schritt-Lesemethode auf ihnen unbekannte Texte anwenden, Informationen klar und strukturiert darstellen und

---

[2] Kernlehrplan Biologie, S. 29
[3] Kernlehrplan Biologie, S. 30

diese wiedergeben. Fachlich sollen die SuS einige Informationen zum Thema „Igel" wiedergeben und diese bezogen auf ihre eigene Lebenswelt einordnen, z.B. sollte man im Garten nicht alles Laub wegräumen und kein Schneckenkorn benutzen, denn Igel bauen ihre Winterquartiere aus u.a. Laub und können an Schneckenkorn sterben. Darüber hinaus setzen sie sich mit dem Leben und Verhalten des Tieres auseinander. Der Einstieg beinhaltete eine Auflistung von Recherchemöglichkeiten, was wiederum methodisch sinnvoll ist, denn so können die SuS sich selbstständig Informationen suchen und diese anschließend verwerten.

Nach der zweiten gehaltenen Stunde können die SuS aus Texten und tabellarischen Auflisten Informationen zusammenfassend aufschreiben und Hypothesen bilden, warum die dargestellten Ergebnisse bzw. Werte in der Tabelle zustande kommen. Des weiteren können die SuS von der äußeren Form Rückschlüsse ziehen auf Funktion. Methodisch wichtig gerade in der zweiten Stunde war auch die wissenschaftliche Herangehensweise an Daten, in diesem Fall die Tabelle, bei der das Beschreiben im Vordergrund stand und danach das Erklären. Formal sollen die SuS Beiträge von Mitschülern oder der Lehrerin aufnehmen können, verarbeiten und ggf. widersprechen. Ebenfalls sollen die SuS nach dieser Stunde mit einem Partner gemeinsam Ergebnisse erarbeiten bzw. kooperativ zusammenarbeiten.

Durch die Unterrichtsgespräche können die SuS nach den Stunden besser ihren Klassenkameraden zuhören und auf deren Beiträge fachlich eingehen und weitergehende Überlegungen anstellen.

5. Didaktischer Kommentar

5.1 Theoretischer Hintergrund

In der ersten Stunde ging es um den Igel als Lebewesen im inhaltlichen Anschluss an die vorangegangenen Stunden, die sich mit den Kennzeichen des Lebendigen auseinandersetzen. Der Igel war deshalb ein gutes Beispieltier, da die Jahreszeit, Herbst, die Zeit ist, in der Igel auch tagsüber aktiv werden. Zunächst geht es um Körperbau, Entwicklung, Verhalten und Gefährdung des Igels.

Der Braunbrustigel (*Erinaceus europaeus*) gehört zur Ordnung der Eulipotyphla (Insektenfresser), der Familie der Erinacidae, weiterhin der Unterfamilie der Erinaceinae (Stacheligel) und der Gattung Erinaceus (Kleinohrigel). *Erinaceus europaeus* zeichnet sich durch spezielle Anpassung an die Jahresrhythmik und durch speziellen Angriffsschutz aus. Sein Verbreitungsgebiet erstreckt sich über Mittel- und Westeuropa bis hin zum Ural, den britischen Inseln und Teilen des Baltikums. Desweiteren bevorzugt der Igel eine vielgestaltige

Feld- und Flurlandschaft, also Hecken, Gebüsche, Weideland und Waldrändern. ebenso und vermehrt in den letzten Jahren sieht man die in Parks, Gärten und in der Nähe menschlicher Siedlungen.

Mit ca. zwei Jahren ist der Igel ausgewachsen und erreicht eine Körpergröße von 20 – 30 cm und ein Gewicht von 800 – 1500 Gramm. Auffälligstes Merkmal sind die Stacheln, die bei einem ausgewachsenen Tier zwischen 6000 und 8000 ausmachen. Ein solcher Stachel kann bis zu 18 Monate getragen werden, bevor seine maximale Lebensdauer erreicht ist. Dabei erreicht ein Stachel eine ungefähre Länge von 30mm und einer Dicke von bis zu 2 mm.

Der Igel ist Sohlengänger, die also bei der Fortbewegung den gesamten Fuß aufsetzen, und er hat ein gut ausgebildetes Gebiss, üblich bei Insektenfressern. Da der Igel nacht- und dämmerungsaktiv ist, orientiert er sich größtenteils über den Geruchssinn, wobei ihm das Jacobson- Organ hilft.

Männliche und weibliche Igel unterscheiden sich in der Reviergröße und nächtlich zurückgelegter Strecke von einander. Sie sind Einzelgänger und verbringen die Tageszeit in ihrem Nest, bis sie sich zwischen 18 und 22 Uhr auf die Jagd begeben. Igel sind nicht herbivor, sondern, wie die Einordnung zu den Eulipotyphla zeigt, insectivor. Die Selbstbepeichelung des Igels führt dazu, dass Menschen auf Tollwut schließen, was jedoch eine Fehlinterpretation ist, denn die Selbstbepeichelung dient höchst wahrscheinlich einer Unterstützung der Geruchswahrnehmung und hat nichts mit Tollwut zu tun.

Als wesentliches Verhaltensmerkmal lässt sich der Winterschlaf klassifizieren, bei dem alle Stoffwechselvorgänge auf ein Minimum reduziert sind und der Igel drastisch an Gewicht verliert. Atmung, Herzschlag und Körpertemperatur werden geringer, die Körpertemperatur kann bis zu 5°C sinken und gleicht sich der Nesttemperatur in etwa an.

Durch das Aufräumen der Landschaft und übermäßige Gartenpflege wird der Lebensraum des Igels immer kleiner, die Kontakte mit dem Menschen häufiger. Dies führt auch dazu, dass in der Nähe menschlicher Siedlungen vermehrt Igel auf Straßen totgefahren werden. So, dass in mehreren Bundesländern der Igel auf der Liste der gefährdeten Tiere steht, jedoch auf offizieller Seite der IUCN – Red List of Threatened Species als noch nicht gefährdet eingestuft wird.[4]

Warum ist dieses Thema nun interessant gerade für SuS in der 5. Klasse? Zum einen sind sie schon in der Primarstufe mit dem Igel in Kontakt getreten, haben ihn als heimisches Lebewesen v.a. in Verbindung mit dem Herbst gesehen. Am Igel kann sich gut

---

[4] Vrgl. http://www.iucnredlist.org

veranschaulichen lassen, welchen Einfluss der Mensch auf seine Umwelt und die darin lebenden Tiere nimmt und zu was dies führen kann, z.B. die Mülltonnen plündernden Igel, viele tote Tiere auf den vielen Straßen und durch Schneckenkorn vergiftete Igel und andere „Nützlinge" im Garten. Dementsprechend hat das Thema durchaus Gegenwartsbezug, denn wir haben Herbst, und auch Zukunftsbedeutung, nämlich unter dem Aspekt der Naturverbundenheit, die ja auch vermittelt werden soll, unter dem Aspekt Tierkunde und auch verantwortungsvollem Verhalten gegenüber der Natur und den in ihr lebenden Pflanzen und Tieren.

5.2 Didaktische Reduktion

„Didaktisch reduziert werden muss in dieser Unterrichtsstunde einerseits im Sinn einer gezielten Ausschnittsbildung und andererseits durch eine Umformung wissenschaftlicher Aussagen in eine schülergemäße Form, jedoch ohne Verfälschung der sachlichen Inhalte."[5] Für die SuS ist bei dem gewählten Thema vor allem relevant, dass sie eine Methode wissenschaftlichen Herangehens an einen Informationstext erlernen – eben die 5-Schritt – Lesemethode. diese ist zwar umfangreich durch ihre Kleinschrittigkeit, schärft aber die Fähigkeiten der SuS, Informationen aus Texten zu erfassen und schriftlich klar und vor allem strukturiert, nach Kategorien oder Kriterien geordnet darzustellen. Dies war ein Hauptziel der beiden gehaltenen Stunden. Desweiteren war es nicht nötig, mit systematischen Begriffen zu arbeiten, oder einer Systematischen Einordnung des Igels. Taxonomie ist Bestandteil des Lehrplans für höhere Stufen. Auch gibt der gegebene Informationstext nur die wichtigsten Fakten über den Igel her, das reicht aber auch, denn die tiefergehenden Informationen, wie Zahnformel, Jacobson- Organ oder Sozialverhalten, spielen für die SuS zu diesem Zeitpunkt keine oder maximal eine sehr untergeordnete Rolle. Daher wurden diese tiefergehenden Informationen reduziert. Die SuS sollten nach den Stunden einen groben Überblick über das Lebewesen „Igel" haben, dass er Winterschlaf hält, dies zu drastischer Gewichtsreduktion führt und Igel Insektenfresser sind und demnach keine Schädlinge. Auch, dass Schneckenkorn und andere Schädlingsfallen im Garten oder übermäßiges „Aufräumen" im Garten für den Igel schädlich sind, sollten die SuS bemerken – was sie auch haben.

---

[5] Berck/ Graf: Biologiedidaktik. S. 249

5.3 Methodische Überlegungen

5.3.1 Erste Stunde

Die verwendeten Methoden in der von mir gehaltenen Stunde werden nun nach ihrem Auftreten in der Stunde begründet. Verwendet wurden das Unterrichtsgespräch und das Arbeitsblatt.

„Der Unterrichtseinstieg hat die Aufgabe, die Lernbereitschaft der SuS zu aktivieren und das Interesse auf ein bestimmtes Thema zu lenken."[6] Für den Einstieg in diese Stunde wurde zunächst die Hausaufgabe der letzten Stunde eingebunden. Die Aufgabe war, dass jeder Schüler sich ein Tier überlegen sollte, das kein Wirbeltier ist. Über die Antworten der SuS soll dann erarbeitet werden, wie man Informationen zu den teils unbekannten Tieren finden kann. Es entsteht eine Liste von Recherchemöglichkeiten. Die weiter in das Thema der Stunde führende Frage, was macht man nun mit den vielen Informationen, die man über Tier xy findet, soll dazu führen, dass die SuS zusammen die To – Do – Liste, bzw. die Schritte der 5-Schritt-Lesemethode erarbeiten. Bis hier hin wird das Unterrichtsgespräch gewählt. Zum Phasenwechsel hin wurde die Methode der Einzelarbeit gewählt, um sowohl den SuS als auch mir selbst den Übergang zu einer neuen Phase ersichtlich zu machen. Des Weiteren eignet sich die Einzelarbeit gerade bei jüngeren SuS ganz gut, um die Konzentration wieder zu fokussieren. So zumindest war meine Feststellung. Desweiteren erhielten die SuS einen Text, den sie mit der erarbeiteten und an der Tafel stehenden To-Do-Liste bearbeiten sollen.

In der Sicherung gab es wieder ein Unterrichtsgespräch, bei dem die SuS ihre Ergebnisse präsentierten und auch gegenseitig kommentierten. Dies war von mir auch so angedacht, da gerade durch das Gespräch miteinander die SuS einander zuhören und vor allem nachvollziehen müssen, was der Gegenüber sagt. Dazu eignet sich die Methode gut.

5.3.2 Zweite Stunde

Der Einstieg in die Stunde wurde mit einem Unterrichtsgespräch begonnen und der Zurschaustellung des präparierten Igels. Im Unterrichtsgespräch selbst wurden von mir Sätze vorgelesen, die von den SuS als richtig, bzw. falsch zu bewerten und dann ggf. zu korrigieren waren. Dies gestaltete den Einstieg spannend, die SuS mussten mit denken, sich erinnern und kombinieren. Dies eignete sich also als Aufmerksamkeitssteigerung sehr gut.

---

[6] Berck/Graf: Biologiedidaktik. S.249

In der Erarbeitung wurde zunächst im Unterrichtsgespräch eine Tabelle aus dem Buch besprochen und ebenfalls aus dem Buch ein Text gelesen. Hier sollten die SuS selbst beschreiben, was sie sehen und darüber reflektiere, warum sie dies sehen. Es wurde also latent die naturwissenschaftliche Herangehensweise erprobt: Beschreiben, Erklären, Hypothesen bilden. In der Einzel- oder Partnerarbeit sollten die SuS die Tabelle an der Tafel mit Hilfe der Informationen des Buches und der letzten Stunde vervollständigen. Erneut diente die Einzelarbeit hier der Markeirung des Phasenwechsels und der Konzentrationssteigerung, denn nur Unterrichtsgespräche sind auf Dauer ermüdend für SuS, v.a. in der 5. Klasse.

In der Sicherung wurde der Tafelschrieb in Form einer mit Kategorien gebildeten Tabelle, die es den SuS erleichtern sollte, den Überblick zu behalten, vervollständigt und eine Abschlussdiskussion geführt. So haben die SuS in ihrem Heft die jeweiligen Stundenergebnisse und eine solche Tabelle bietet eine gute Möglichkeit, Hausaufgaben daraus abzuleiten.

6. Verlaufspläne

6.1 Erste gehaltene Stunde

Thema: Der Igel als Wildtier des Jahres 2009				
Ziel: SuS können nach der Stunde die 5-Schritt-Lesemethode auf biologische Sachtexte anwenden.				
Phase	**Zeit**	**Sachaspekte**	**Interaktions-form**	**Medien**
Einstieg	5 – 10 min	Impuls (anknüpfend an die Stunde zuvor und die HA): „Welches Tier gehört nicht zu den Wirbeltieren? Ihr solltet euch ja als Hausaufgabe ein überlegen?" … „Wo kann man nachschauen, wo mehr Informationen zu dem Tier sind?" (Bsp. Internet, Bibliothek) Erarbeitung eines Fragenkataloges	UG	Tafel; Präparat
Erarbeitung	30 min	SuS lesen den Test über den Igel: - Lesen - unbekannte Wörter klären - Gliedern und Überschriften finden - in Stichpunkten zusammenfassen - vortragen	EA	AB
Sicherung	5- 10 min	An der Tafel werden die Überschriften gesammelt und einige Punkte darunter geschrieben (Tabelle s. Anhang) Hausaufgaben: Vervollständigen der Tabelle	UG	Tafel

6.2 Zweite gehaltene Stunde

Phase	Zeit	Sachaspekte	Interaktions-form	Medien
Thema: Der Igel: Jahreszeitliche Anpassung: Der Winterschlaf				
Ziel: SuS können nach der Stunde eine Anpassungsform an die Jahreszeiten (Winterschlaf) beschreiben und erklären.				
Einstieg	15 min	Abfrage der HA mittels einer Liste aus richtigen und falschen Aussagen über den igel bezogen auf das Arbeitsblatt der letzten Stunde und der Tabelle im Heft der SuS	UG	Tafel; Präparate

Erarbeitung	20 min	SuS lesen den Test über den Igel aus dem Buch und dem Arbeitsblatt: Der Winterschlaf: Was macht der Igel…
		   - Vorher
		   - Während
		   - Danach
		     Warum macht er das?
			EA / PA	AB
				
				Buch

Sicherung	10 min	Die Tabelle an der Tafel wird ausgefüllt (durch L, SuS sagen, was hingeschrieben wird) (Tabelle s. Anhang) Warum macht der Igel das? Frage wird eingehend geklärt, Schwerpunkt: Beschreiben, dann erklären	UG	Tafel

7. Reflexion der gehaltenen Stunden

7.1 Erste gehaltene Stunde

Im Anschluss an die gehaltene Stunde hatte ich die Möglichkeit, Feedback vom anwesenden Lehrer zu bekommen. Diese Einschätzung seinerseits wird mit Einfluss nehmen auf die anstehende Reflexion, da ich zwar gemerkt habe, dass einiges nicht ganz gut gelaufen ist, er aber diese Punkte genau benannt hat.

Der Einstieg in die Stunde ist ganz gut gelungen. Dabei wurde im Anschluss an die letzte Stunde die Hausaufgabe eingearbeitet. Die SuS hatten als Aufgabe, sich ein Tier zu überlegen, dass kein Wirbeltier ist. Ich habe aus jeder Reihe jeweils einen Schüler sein oder ihr Tier sagen lassen, sodass dies relativ kompakt und schnell abgehandelt war. Da das Thema der Stunde methodisch betrachtet das Erlernen der 5-Schritt-Lese- Methode war, ging es im Anschluss an das Abfragen der Hausaufgabe um die Frage, wo und wie man herausfindet, was z.B. eine Qualle frisst. Ziel dieser Frage war es, einen Katalog an Nachschlagemöglichkeiten zu entwickeln. Der Übergang zu dem mitgebrachten Text ist dann allerdings nicht so glatt gewesen, er wirkte konstruiert und erzwungen. Die SuS konnten dem wahrscheinlich nicht so gut folgen. Was gut gelungen ist, ist dann die Erarbeitung der To-Do-Liste, also der 5-Schritt-Lesemethode. Ziemlich schnell hatten die SuS die Schritte beisammen. Diese sollten sie dann in der Erarbeitungsphase direkt am mitgebrachten Text erproben. Nachteilig hier war, dass ich nicht genug vom Schüler aus gedacht habe. So haben die SuS sehr detailliert unterstrichen, markeiert, ohne wirklich einen Unterschied zwischen wirklich wichtig und nicht ganz so wichtig zu machen. Hier hätte ich eigentlich einschreiten müssen, um nochmals genau zu erklären, dass es eben nicht darum geht, wirklich alles zu finden, sondern nur das Wichtigste und was dieses Wichtigste ist. Ansonsten haben die SuS aber sehr gut gearbeitet und die Methode verstanden. Gut war, dass in dieser Stunde ein Sachaspekt, die 5-Schritt-Lesemethode, über fachspezifischen Inhalt erläutert wurde. Dies hat es den SuS einfacher gemacht und ihr Verständnis für Wissenstransfer gestärkt. In der Sicherung dann standen mehrere SuS an der Tafel und könnten ihre Ergebnisse präsentieren. Vom Prinzip her war das eine gute Idee, man sollte es allerdings nicht fünf Minuten vor Schluss der Stunde machen. Mangels Erfahrung meinerseits geriet ich daher in Zeitnot. Ebenfalls hätte ich den mitgebrachten präparierten Igel von Beginn an nutzen sollen, ich habe ihn erst sehr spät und dann auch nur marginal in die Stunde einbezogen. Für das nächste Mal wäre es sinnvoller, die Punkte einfach selbst anzuschreiben und dann auch nur ein paar. Die Hausaufgabe schließlich war das Komplettieren der Tabelle zuhause, ein logischer Schluss und demnach gut begründet. Die Hausaufgaben wurden dann auch vom größten Teil der SuS erledigt, wie ich in der nächsten Stunde gesehen habe.

7.2 Zweite gehaltene Stunde

Der Einstieg in die zweite Stunde ist sehr gut gelungen. Ich habe eine Liste bestehend aus zwölf Sätzen mit den SuS abgearbeitet, indem ich die Sätze einzeln vorlas und die SuS wiederrum sagen sollte, ob die Sätze richtig oder falsch sind. Dabei bezogen sich die Sätze inhaltlich sowohl auf die Hausaufgabe als auch auf den Inhalt der letzten Stunde. Diese Art der Hausaufgabeneinbindung gefiel auch dem anwesenden Lehrer, die SuS mussten umdenken und genau zuhören und, soweit ich es beurteilen konnte, hatten Spaß daran, mir zu sagen, ob ich mir die Sätze richtig notiert hatte. Den erneut mitgebrachten Igel hatte ich von Beginn der Stunde an immer wieder in der Hand und während der Erarbeitungsphase bin ich mit ihm durch die Reihen gegangen, damit die SuS fühlen konnten, wie sich Igelstacheln anfühlten. Das anschließende Unterrichtgespräch ist dann nicht ganz so gut gelaufen. Ich ließ von mehreren SuS einen Text aus dem Buch vorlesen, „Der Winterschlaf" und dann die darunter befindliche Tabelle erklären, „1 Atmung und Herzschlag bei den Igeln". Allerdings kam die Zeit für die Erklärung wesentlich zu kurz, von daher war der Zugewinn für die SuS eher gering. Obwohl das Stichwort „Winterschlaf" schon im Einstieg fiel, hatte ich es versäumt, das Thema der Stunde direkt an die Tafel zu schreiben, holte dies aber in der Erarbeitungsphase nach. Jetzt sollten die SuS die Tabelle (s. 11.1.1 Tafelschriebe, 2. Stunde) ausfüllen, mit allen Informationen, die sie hatten. Dies wiederum hat außerordentlich gut funktioniert, nach dem längeren Unterrichtsgespräch arbeiteten die SuS sehr konzentriert in einzelarbeit. Diesmal habe ich in der Sicherung die von den SuS genannten Punkte selbst an die Tafel geschrieben, wobei ich darauf achtete, denselben Wortlaut (falls er nicht ganz falsch oder ungenau war) zu gebrauchen. Schlussendlich hatte ich bei dieser Stunde ein wesentlich besseres Gefühl, was sich auch darauf zurückführen ließ, dass die Strukturierung diesmal etwas offensichtlicher und die Fehler eher nebensächlicherer Natur waren, was mir der anwesende Lehrer in seinem Feedback auch bestätigte.

8. Praktikumsreflexion

In den vier Wochen des Praktikums konnte ich einen sehr guten Einblick gewinnen in den Tagesablauf einer Biologielehrerin. Durch die freundliche Aufnahme in den Stunden und die Erläuterungen der Lehrer innerhalb oder nach den jeweiligen von mir hospitierten Stunden gelang es mir, viele Eindrücke und Erfahrungen zu sammeln, die insgesamt lehrreich sind. Durch den Austausch mit den Referendaren konnte ich Wissen bezüglich der zweiten Phase der Lehrerausbildung gewinnen, v.a. in den Punkten Arbeitsaufwand und Seminararbeit in den Lehrerseminaren. Ebenfalls konnte ich durch Gespräche mit älteren Kollegen viel erfahren, was die Zeit neben dem eigentlichen Unterrichten betrifft. Die Belastung durch zusätzliche Aufgaben, wie die Teilnahme an Fachkonferenzen, Fortbildungen und allgemeinen Organisationsaufgaben (als Beispiel: Ein Lehrer, bei dem ich hospitierte, musste die Teilnahme von zwei Fußballmannschaften des X an den Stadtmeisterschaften organisieren, wobei er die Mannschaften erst einmal bilden musste. Dazu hatte er nur drei Tage Zeit.) wurde mir eindeutig vor Augen geführt, sowie auch den Spaß, den viele Lehrer und Lehrerinnen jeden Tag in ihrem Unterricht haben (können). Andererseits war es unmöglich zu bemerken, wie anstrengend, kräftezehrend und nervlich belastend der Lehrerberuf, v.a. durch den täglichen Spagat zwischen Unterricht, Planung, Bürokratie und den Umgang mit den Schülerinnen und Schülern sein kann.

Die Organisation des Praktikums war sehr gut, in den ersten beiden Tagen war mein Stundenplan von der Schule vorgegeben, sodass ich mich gut eingewöhnen konnte. Am ersten Tag habe ich eine 6. Klasse begleitet, die 6c, um daran erinnert zu werden, wie Schule aus Schülersicht ist. am nächsten Tag habe ich dann einen Lehrer durch seinen Unterricht begleitet.

Insgesamt kann ich sagen, dass mir das Praktikum sehr geholfen hat. die Fragen bzw. Erwartungen, die ich zu Beginn dieses Berichtes dargelegt habe, ließen sich erfüllen, auch und insbesondere durch die freundliche und fachlich sehr gute Betreuung durch die Biologielehrer.

9. Tabellarische Übersicht über die Hospitationsstunden

Datum	Stunde	Klasse	Thema	Nr.
12.09.2011	6.	6c	Deutsch: Steckbrief	1
	7.	10	Deutsch: Gedichte	2
13.09.2011	1.	6c	Deutsch: Merkmale guten Vorlesens	3
	2.	6c	Englisch: Postcards	4
	3.	6c	Philosophie: Themenvergleich letztes und dieses	5
	4.	6c	Schuljahr	6
	5.	6c	Biologie: Ernährung: Brennwerte von Lebensmitteln	7
	6	6c	Latein: Zeitstufen	8
14.09.2011	1.	13	Evolution: Paläontologie	9
	2.	LK	Entwicklung des Pferdes	10
	3.	8 c	Cytologie - Die Zelle als Grundbaustein	11
	4.			12
	5.	11 12	Klassische Genetik: 3. Mendelsche Regel	13
	6.	LK		14
15.09.2011	1.	11 12	Klassische Genetik: 1.-3. Mendelsche Regel	15
	2.	GK		16
	5.	10	Die Pflanzenzelle: Mikroskopieren von *Allium cepa* und	17
	6.		*Elodea canadensis*	18
16.09.2011	1.	5a	Haustiere: Der Hund: Plakatherstellung	19
	2.	8 c	Die Zelle: Organellen	20
	3.	13	Evolution: Brückentiere	21
	4.	LK	Vergleich Paläontologie und Anatomie	22
19.09.2011	1.	8 a	Ökosystem: Biotop und Biozönose. [Kurzausflug]	23
	2.		Thema: Ökosystemvergleich: Hecke, Kanal, Schulhof	24
	3.	13	Evolution: Taxonomie	25
	4.	LK		26
	5.	5 a	Der Hund: Vergleich mit dem Wolf	27
20.09.2011	1.	6	Versuch zum Thema Knochenbau	28
	2.	9	Salmonelleninfektion	29
	3.	5 c	Kennzeichen von Lebendigem	30
21.09.2011	3.	11 12 LK	Mathematik – LK: Thema Produktregel und Ableitung	31
	4.	9	Erdkunde: Naturraum	32
	5.	11 12	Spermato- und Oogenese	33
	6.	LK		34
22.09.2011	1.	11 12	Spermato- und Oogenese	35
	2.	GK	Wdh. Mitose und Meiose	36
	5.	10	Vergleich: Pflanzen- und Tierzelle	37

	6.			38
23.09.2011	1.	5a	Der Hund	39
	2.	8c	Die Zelle – Organismus. Zelle. Molekül	40
	4.	9c	Grippevirus	41
26.09.2011	1.	8a	Hecke als Ökosystem	42
	2.			43
	3.	13 LK	Einstieg Immunbiologie	44
	6.	5c	Einstieg Haustiere	45
27.09.2011	1.	6a	Wirbelsäule	46
	2.	9c	Immunsystem: Spezialisierte Zellen	47
	3.	5c	Angeleiteter Unterricht: Der Igel	48
28.09.2011	1.	13	Moderne Methoden in der Evolution (Bsp. AS –	49
	2.	LK	Sequenzierung, DNA – Hybridisierung, etc.)	50
	3.	8c	Von der Zelle zum Ökosystem: Biosphäre, Ökosystem,	51
	4.		Biotop	52
30.09.2011	1.	5a	Merkmale von Säugetieren	53
	2.	8 c	Landschaften und Ökosysteme	54
	3.	13	Einstieg: Evolutionstheorien	55
	4.	LK		56
04.10.2011	1.	6a	Der Fuß	57
	2.	9c	AIDS	58
	3.	5c	Angeleiteter Unterricht	59
05.10.2011	3.	8c	Ökosystem	60
	4.		Fotosynthese	61
	5.	11 12	Stammbaumanalyse	62
	6.	LK		63
06.10.2011	1.	11 12	Stammbaumanalyse	64
	2.	GK	Erbgänge	65
	5.	10	Analyse elektronenmikroskopischer Bilder	66
	6.		Bestimmung von Organellen: Pflanzen- /Tierzelle	67
07.10.2011	1.	5 a	Hund – Skelettbau	68
07.10.2011	2.	8 c	Ökosystem	69
	3.	13	Evolutionstheorien: Darwin, Wallace, Cuvier, Lamarck,	70
	4.	LK	Mayr	71

Die fettumrandeten Zeilen markieren von mir gehaltene Stunden.

10. Literaturverzeichnis

- Berck/ Graf: Biologiedidaktik. 4. völlig überarbeitete Auflage. Quelle und Meyer Verlag. 2010
- Kernlehrplan für das Gymnasium – Sekundarstufe I in Nordrhein-Westfalen. Biologie; Ritterbach Verlag; 1. Auflage 2008
- Natura 1. Biologie für Gymnasien. Nordrhein- Westfalen G8. Ernst Klett Verlag. Stuttgart. Leipzig. 2009

- NABU – Igel und Igelschutz (im Internet: http://www.nabu.de/ratgeber/igel.pdf)

- http://www.iucnredlist.org   : Stichwort: *Erinaceus europaeus*

- http://www.[Webseite der Schule].de

11. Anhang

11. 1 Verwendetes Unterrichtsmaterial

11.1.1 Tafelschriebe
1. Stunde

<table>
<tr><td colspan="4" align="center"><u>Der Igel</u></td></tr>
<tr><td>Nahrung</td><td>Aussehen</td><td>Verhalten</td><td>Gefährdung</td></tr>
<tr><td>-</td><td>-</td><td>-</td><td>-</td></tr>
<tr><td>-</td><td>-</td><td>-</td><td>-</td></tr>
<tr><td>-</td><td>-</td><td>-</td><td>-</td></tr>
</table>

2. Stunde

<table>
<tr><td colspan="3" align="center"><u>Der Winterschlaf</u></td></tr>
<tr><td>Vorher</td><td>Während</td><td>Danach</td></tr>
<tr><td>-</td><td>-</td><td>-</td></tr>
<tr><td>-</td><td>-</td><td>-</td></tr>
<tr><td>-</td><td>-</td><td>-</td></tr>
<tr><td>➔ Warum</td><td></td><td></td></tr>
</table>

11.1.2 Texte bzw. Buchmaterial

- gekürzter NABU – Infotext (für die 1. Stunde)

- Natur 1. S. 184. Text „Der Winterschlaf" und Tabelle „Atmung und Herzschlag bei den Igeln"